Fluid within Fluid Modellierung. Methoden für das FwF Computing

Michel Felgenhauer

Bibliografische Information der Deutschen Nationalbibliothek:

Die Deutsche Nationalbibliothek verzeichnet diese Publikation in der Deutschen Nationalbibliografie; detaillierte bibliografische Daten sind im Internet über http://dnb.d-nb.de abrufbar.

ISBN: 9783346662637
Dieses Buch ist auch als E-Book erhältlich.

Methoden in der Fluid within Fluid -Modellierung
Recipes in FwF Computing

Michel Felgenhauer 2022

Der Aufsatz stellt Berechnungsgrößen für eine numerische Behandlung so genannter „Fluid within Fluid Systeme (FwF)" zusammen. Die Modellbildung ist offen. Die Berechnung, das Modell und die Simulation erfolgt grundsätzlich für ein reguläres Fluid in einem dreidimensionalen Strömungsraum. Dennoch sind die „Rezepte" von einfacher Art. Es sind nur wenige Gleichungen zu lösen, um eine beliebig konfigurierte Aufgabenstellungen mit vergleichsweise hoher Auflösung und in vertretbarer Zeit, zu bearbeiten.

The paper compiles computational quantities for a numerical treatment of so-called "fluid within fluid systems (FwF)". The modeling is open. The calculation, the model and the simulation are basically done for a regular fluid in a three-dimensional flow space. Nevertheless, the "recipes" are of a simple nature. Only a few equations have to be solved in order to process an arbitrarily configured task with comparatively high resolution and in reasonable time.

Universale Konzepte

Leonhard Euler[1] führt um 1755 die Bewegungsgleichung einer reibungslosen inkompressiblen Flüssigkeit ein und begründet damit die Fluiddynamik wie wir sie heute sehen. Euler nennt das fundamentale Konzept des Wirbel-Vektors (vorticity vector), der heutigen Rotation ($\nabla \times$). Joseph-Louis Lagrange[2] geht 1766 als Nachfolger von Leonhard Eulers an die Königlich-Preußische Akademie der Wissenschaften nach Berlin. Seine ersten wissenschaftlichen Arbeiten in Turin behandelten Differentialgleichungen und die Variationsrechnung. Auf Lagrange geht die für Strömungsfelder so bedeutsamen Potentialtheorie[3] zurück, aus der sich um 1800 die Feldtheorien[4] entwickeln. Sie sind das Fundament der Elektrodynamik und der

---

[1] Leonhard Euler (lateinisch Leonhardus Eulerus; * 15. April 1707 in Basel; † 7. September in Sankt Petersburg) war ein Schweizer Mathematiker, Physiker, Astronom, Geograph, Logiker und Ingenieur.
https://de.wikipedia.org/wiki/Leonhard_Euler
[2] Joseph-Louis de Lagrange (* 25. Januar 1736 in Turin als Giuseppe Lodovico Lagrangia; † 10. April 1813 in Paris) war ein italienischer Mathematiker und Astronom. https://de.wikipedia.org/wiki/Joseph-Louis_Lagrange
[3] Die Anfänge der Theorie gehen auf den italienischen Mathematiker und Astronomen Joseph-Louis Lagrange, den Engländer George Green und schließlich Carl Friedrich Gauß zurück. Die Feldtheorien haben sich aus der um 1800 entstandenen Potentialtheorie des Erdschwerefeldes entwickelt.
[4] Der Feldbegriff ist fundamental zur Beschreibung physikalischer Phänomene. Man unterscheidet 1. Skalares Feld S, (z.B. die Temperatur, die Dichte, das elektrische Potential usw.), 2. Vektorielles Feld V, gegeben durch 3

analytischen Strömungsmechanik. Die Äquivalenz von elektromagnetischem Feld und Strömungsfeld geriet später beinahe in Vergessenheit oder war zumindest nicht Argumentation erster Wahl, so dass ich schmunzeln musste darüber, dass die hier referierten „Recipes of Fluid within Fluid Computing" in meinen Reihen anfangs eine gewisse Verwunderung auslösten.

In der Elektrotechnik schreibt das Gesetz von Biot und Savart in 3D karthesischen Koordinaten eine vektorielle magnetische Feldstärke $\underline{H}$ = (H_x,H_y,H_z) als eine Funktion des elektrischen Stromes I [A]; in der Fluidmechanik schreibt das Gesetz von Biot und Savart in 3D karthesischen Koordinaten die induzierte Geschwindigkeit $v_i(u,v,w)$ [ms^{-1}] als Funktion der Zirkulation Γ [m^{2}s^{-1}].

Elektrodynamik   Fluidmechanik

$$\underline{H} = (I/4\pi) \cdot {}_1\!\int^2 (\underline{r} \times d\underline{s}) / r^3 \qquad\qquad \underline{v}_i = (\Gamma/4\pi) \cdot {}_1\!\int^2 (\underline{r} \times d\underline{s}) / r^3 \qquad (R1)$$

Betrachten wir ein konkretes Beispiel. Das Gesetz von Biot und Savart in seiner idealisierten Form, kann auf eine praktische Aufgabe angewendet werden. Nach Integration und der Berechnung des Vektorprodukts über die geometrischen Abstände erhalten wir eine sehr übersichtliche Form für die im Zentrum der kreisrunden Leiterschleife erwirkte magnetische Feldstärke H [H]. Und als Äquivalent zum elektrodynamischen System sehen wir unmittelbar die in einer Ringwirbelstruktur mit dem Radius r erwirkte induzierte Geschwindigkeit v_i[ms^{-1}].

Elektrodynamik   Fluidmechanik

$H = I / 2r$ mit I[A], r[m]   und $vi = \Gamma / 2r$ mit Γ[m^{2}s^{-1}], r[m]

Dieserart universell, soll die Anwendung der mächtigen Feldtheorie gelingen, insbesondere die Übertagung des Gesetzes von Biot und Savart auf fluidmechanische Fragestellungen und genau jene zentrale Begrifflichkeit, wie sie in der Elektrodynamik und der Fluidmechanik verwendet wird und wie sie diesen Aufsatz motiviert: „die Induktionswirkung auf ein Feld".

Zu Beginn des 19ten Jahrhunderts sind die theoretischen Fundamente einer Wirbeltheorie bereits Stand der Wissenschaft. William Thomson[5] (der spätere Lord Kelvin) findet das Zirkulationstheorem und steht in den 50er Jahren des 19ten Jahrhunderts in Kontakt und Korrespondenz mit Hermann von Helmholtz in Berlin, der die Stabilität von Wirbeln in Raum und Zeit in reibungslosen Flüssigkeiten erkennt. Helmholtz's Fundamentalsatz der Kinematik (1858) betrifft die allgemeine Ortsveränderung eines deformierbaren Körpers hinreichend kleinen Volumens als Summe einer Translation, einer Rotation je einer Deformation nach drei zueinander senkrechten Richtungen und ist unmittelbar auf das Bewegungsgeschehen von Wirbeln anwendbar. Interessanterweise behandelt die Helmholtz'schen Wirbeltheorie

---

skalare Felder (z.B. die Kraft, die Geschwindigkeit, die elektrische Feldstärke usw.) 3. Tensorielles Feld T, gegeben durch 3 vektorielle Felder (z.B. die mechanische Flächenspannung usw.)

[5] William Thomson, Baron Kelvin oder kurz Lord Kelvin, OM, GCVO, PC, FRS, FRSE, (* 26. Juni 1824 in Belfast, Provinz Ulster, Vereinigtes Königreich Großbritannien und Irland; † 17. Dezember 1907 in Netherhall bei Largs, Schottland) war ein britischer Physiker auf den Gebieten der Elektrizitätslehre und der Thermodynamik. Die Einheit Kelvin wurde nach William Thomson benannt, der im Alter von 24 Jahren die thermodynamische Temperaturskala einführte. Thomson ist sowohl für theoretische Arbeiten als auch für die Entwicklung von Messinstrumenten bekannt. https://de.wikipedia.org/wiki/William_Thomson,_1._Baron_Kelvin

fadenförmige Strukturen. Die drei Wirbelsätze wurden von Hermann von Helmholtz um 1859 formuliert:

Erster Helmholtz'scher Wirbelsatz:
In Abwesenheit von wirbelanfachenden äußeren Kräften bleiben wirbelfreie Strömungsgebiete wirbelfrei.

Zweiter Helmholtz'scher Wirbelsatz:
Fluidelemente, die auf einer Wirbellinie liegen, verbleiben auf dieser Wirbellinie. Wirbellinien sind daher materielle Linien.

Dritter Helmholtz'scher Wirbelsatz:
Die Zirkulation entlang einer Wirbelröhre ist konstant. Eine Wirbellinie kann deshalb im Fluid nicht enden. Wirbellinien sind geschlossen, buchstäblich unendlich oder laufen auf den Rand.

Der erste Wirbelsatz bedeutet, dass sowohl die Zirkulation längs der Randkurve einer Fläche, die ganz auf dem Mantel einer Wirbelröhre liegt verschwindet, als auch die Zirkulation verschiedener Querschnitte einer Wirbelröhre gleich ist. Der zweite Wirbelsatz besagt, dass Wirbelröhren zugleich Stromröhren sind, Wirbel an Materie (Fluid) anhaften und drittens, Teilchen, die einmal eine Wirbellinie gebildet haben, dies auch weiterhin tun (Kohärenz). Der dritte Wirbelsatz fordert örtliche und zeitliche Konstanz der Zirkulation in einer (und um eine) Wirbelröhre. Die Helmholtz'schen Wirbelsätze sind eine Grundlage der Physik der hier behandelten Lagrange Kohärenten „Fluids within Fluid-Systeme". Relevant in ist, dass die Helmholtz'schen Wirbeltheorie und die klassischen Wirbelmodelle Potentialwirbel, Festkörperwirbel, Rankine-Wirbel und Hamel-Oseen'scher-Wirbel[6] alle modernen Wirbelmodelle tradieren und zum Verständnis des inneren Milieus von Wirbelfäden allgemein beitragen.
Fadenförmig eindimensionale Lagrange Kohärente Systeme (LCS) mit der impliziten Eigenschaft „Zirkulation" nenne ich „Fluids within Fluid" (FwF)[7]. Auf den ersten Blick erscheint diese Nomenklatur überflüssig (welch ein schönes Wortspiel), denn mit den Helmholtz'schen Wirbelsätzen wäre fast alles bereits erklärt.
Eine Theorie Lagrange Kohärenter Strukturen (LCS) wurde in den frühen 2000er Jahren am Lefschetz Center for Dynamical Systems der Brown University, später an der ETH Zürich, dort am Department of Mechanical and Process Engineering, entwickelt. Das Akronym LCS (Lagrange Coherent Structures) stammt von Haller & Yuan (2000). In Zürich wusste man aus der experimentellen Vergangenheit, dass innerhalb fluidischer Regime Systemgrenzen im Sinne von „dynamischen Oberflächen" existieren, die zusammenhängende Strukturen von der restlichen Strömung separieren. Diese Systeme entwickeln eine komplexe körper- und

---

[6] Oseen studierte ab 1896 an der Universität Lund, wo er 1900 das Lizenziat ablegte. Er studierte außerdem in Göttingen. 1902 wurde er Dozent für Mathematik und schließlich zwischen 1904 und 1906, sowie 1907 und 1910 stellvertretender Professor für Mathematik. Von 1909 bis 1933 war Oseen Professor für Mechanik und Mathematische Physik an der Universität Uppsala. 1921 wurde er Mitglied der Königlich Schwedischen Akademie der Wissenschaften sowie 1933 Vorstand dessen Nobelinstitutes, das vorher unter Svante Arrhenius seinen Schwerpunkt in physikalischer Chemie hatte und sich mit Oseen auf theoretische Physik ausrichtete. 1924 wurde er korrespondierendes Mitglied der Bayerischen Akademie der Wissenschaften.
[7] Felgenhauer, Mi. (2021). Implicite Coherent Fluid Systems. Fluid within a Fluid. GRIN-Verlag GmbH München, ISBN(e-Book): 9783346407030. ISBN (Buch): 9783346407047, VNR: v1012490

richtungsbezogene Dynamik innerhalb einer Strömung. Hallers Forschung ging der Frage nach, ob es gelingen könnte, Mischung, Entmischung und Massetransport in und um Lagrange Kohärenter Systeme in komplexen fluidischen Systemen vorherzusagen oder sogar zu beeinflussen. Es wurden im Zuge der Theoriebildung nichtlineare dynamische (System-) Methoden entwickelt, um komplexe Probleme in der angewandten Wissenschaft und der Technik zu lösen.

Die hier erörterte Phänomenologie über Fluids within Fluid deutet Lagrange Kohärente Objekte als Strukturen, die zirkulationsbehaftet sind, in einem Strömungsfeld separiert auftauchen und mit diesem in Wechselwirkung stehen. Sie sind von ihrem Wesen her Wirbelfäden im Sinne der Helmholtzschen Wirbeltheorie und gleichsam Fluidische Trajektoren, wie Haller sie beschreibt. Lagrange Kohärente Fluids within Fluid platzieren Induktionswirkungen im umgebenden Strömungsfeld, sie „organisieren" die Strömung. Ursache der Induktionswirkungen ist das dem Lagrange Kohärenten Objekt einbeschriebene Binnenmilieu, darunter die Zirkulation, die ihrerseits aus einem Wechselwirkungsgeschehen entstammt.

Wirbelliniensegmente und Fluid within Fluid Systeme

Frühe numerische Lösungen für Auftriebsströmungen basieren auf Wirbelverteilungslösungen der Auftriebsflächengleichungen etwa dem Traglinienverfahren[8]. Berechnet werden dort meist ebene Strömungsaufgaben. Die erste praktikable Theorie zu Beschreibung der aerodynamischen Eigenschaften eines Tragflügels wurde von Ludwig Prandtl[9] in Göttingen um 1911 bis 1918 entwickelt. Die Voraussagen von Prandtls Theorie sind so gut, dass sie bis heute für erste Trendbestimmungen bei der Flügelauslegung Anwendung findet. Prandtl's Überlegungen waren folgende: Auf einen Wirbelfaden der Stärke Γ, der an eine feste Position gebunden ist, wirkt gemäß des Kutta-Joukowski -Theorems[10] eine Kraft.

$$\text{Kraft } \lambda = \rho \ v_\infty \ \Gamma \ [\text{Nm}^{-1}].$$

Die Kraft λ ist einer Streckenlast vergleichbar. Der Satz von Kutta-Joukowski beschreibt die Proportionalität des dynamischen Auftriebs zur Zirkulation Γ. λ ist in diesem Sinne eine Kraft Auftrieb pro Spannweite; v_∞ ist bekanntermaßen die Geschwindigkeit der ungestörten

---

[8] Dienst, Mi. (2016) Fast Fluid Computation. Das Traglinienverfahren zur Analyse einfacher Tragflächen. GRIN-Verlag GmbH München, ISBN (e-Book): 978-3-668-21346-3, ISBN (Buch): 978-3-668-21347-0

[9] Ludwig Prandtl (* 4. Februar 1875 in Freising; † 15. August 1953 in Göttingen) war ein deutscher Ingenieur. Er lieferte bedeutende Beiträge zum grundlegenden Verständnis der Strömungsmechanik und entwickelte die Grenzschichttheorie. https://de.wikipedia.org/wiki/Ludwig_Prandtl

[10] Der Satz von Kutta-Joukowski nach anderer Transkription auch Kutta-Schukowski, Kutta-Zhoukovski oder englisch Kutta-Zhukovsky, beschreibt in der Strömungslehre die Proportionalität zwischen dynamischen Auftriebs und Zirkulation.

Martin Wilhelm Kutta, genannt Wilhelm Kutta, (* 3. November 1867 in Pitschen, Oberschlesien; † 25. Dezember 1944 in Fürstenfeldbruck) war ein deutscher Mathematiker.

Nikolai Jegorowitsch Schukowski (17. Januar 1847greg. in Orechowo, Gouvernement Wladimir; † 17. März 1921 in Moskau) war ein russischer Mathematiker, Aerodynamiker und Hydrodynamiker. Er gilt als Vater der russischen Luftfahrt.

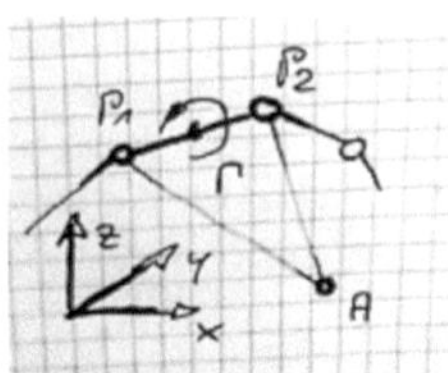

Strömung. Der gebundene Wirbel unterscheidet sich von einem freien (pfadbehafteten) Wirbel der mit der Strömung mitbewegt wird. Der freie, pfadbehaftete Wirbelfaden ist ziemlich genau das Modell, das die Phänomenologie der Fluids within Fluid beschreiben will.

Eine Kraft auf einen Wirbelfaden (Kraft $\lambda = \rho\, v_\infty\, \Gamma$ [Nm^{-1}])? Wie hat man so etwas vorzustellen?

Der Satz von Kutta-Joukowski ist in der Strömungsmechanik elementar und wird, wie alles was man in der realen Physik für elementar hält, in der modernen Literatur entsprechend lapidar zitiert. Dabei bedient sich Prandtl' eines überaus raffinierten Tricks, der – so geht es mindestens mir - in der Regel wenig verstanden, aber fast immer überlesen wird. Prandtls Ansatz wendet Kuttas Modell einer infiniten, Auftrieb erzeugenden Tragfläche auf ein finites Teilstück eines „Ersatzmodells" an. In der Welt der Potentialtheorie ist aber genau jedes Ding! ein Auftrieb erzeugendes Etwas!, weil man mit den damals hoch in Konjunktur stehenden Mitteln der konformen Abbildung Kreise in Ellipsen, Platten oder wunderschön anmutende Flugzeugprofile „verwandeln" kann. Dabei sind, nebenbei bemerkt, die holomorphen Funktionen der Gauß'schen Zahlenebene auch gerade wieder dermaßen elementar, dass sie in der modernen Argumentation ebenso lapidar als verfügbar existierendes Grundwissen überlesen und/oder überschrieben wird. Das gleiche gilt für die Blasiusschen Formeln.

Die 1. Blasiussche Formel gibt den dynamischen Auftrieb und die zweite das Drehmoment an, die ein Tragflügel in der Strömung erfährt, nämlich:

$$\lambda x = (-\rho/2) \ _0\!\int^{2\pi} [(vx^2 - vy^2)\, dy - 2\, vx\cdot vy\cdot dx]$$
$$\lambda y = (-\rho/2) \ _0\!\int^{2\pi} [(vx^2 - vy^2)\, dx + 2\, vx\cdot vy\cdot dy] \qquad [\text{Nm}^{-1}]$$

Ich schreibe die 1. Blasiussche Formel nicht deshalb auf, weil sie uns in der Argumentation um Fluids within Fluid sonst fehlen könnte, man würde dann auf die Literatur verweisen, nein, ich zitiere die Blasius-Form ihrer Schönheit wegen. Und ich habe mir erlaubt, sie mal gleich für eine Kreiszylinderkontur zu schreiben, eine Formulierung, die die verallgemeinerte Blasius-Form (die aus den Lehrbüchern) modifiziert. Die Kraft λ Ist wieder so eine Art Streckenlast [N/m], wie wir sie aus der technischen Mechanik kennen und vx und vy die (reellen) Komponenten der örtlichen Geschwindigkeit und die Dichte ρ die (konstante) Dichte des Mediums. Das Integral $_0\!\int^{2\pi}$ ist das Linien-Integral $_s\!\int$ dxdy über die Kontur s eines beliebigen Körpers in der xy-Ebene, seines Schnittes, hier eines Kreiszylinders. Die 2. Blasiussche Formel, sie determiniert das Drehmoment um den Kreismittelpunkt, ist noch schöner, weil eleganter. Das Gesagte gilt übrigens auch für die Potentialtheorie selbst. Sie ist die mathematische Voraussetzung für die dreidimensionale Behandlung des Wirbelfadens und damit für eine Modellbildung über Fluids within Flud Systeme. Die Herleitung der Formel von Biot und Savart aus der Potentaltheorie wurde bereits detailliert beschrieben[11], die Grundlagen der Stromfadentheorie, elementare und überlagerte Potentialströmungen und weitgehende Verweise sind angeführt in Hütte (2004) .

Die dreidimensionale Behandlung eines Wirbels ist prinzipiell durch die Verwendung von finiten Wirbelliniensegmenten mit konstanter Stärke möglich. Prandtls Ansatz erweist sich

---

[11] Felgenhauer, Mi. (2022). Zur Fluids within Fluid Phänomenologie. Thoughts on a FwF Phenomenology. GRIN-Verlag GmbH München, ISBN(e-Book): 9783346595799 ISBN (Buch): 9783346595805, VNR: v1172544

sobald als sehr leistungsfähig für unsere Aufgabenstellung; in der Analysepraxis der Aerodynamik wird das Verfahren der Wirbelliniensegmente zur Modellierung des Flügels oder des Nachstroms verwendet. Hier wird das Verfahren der „finiten Wirbelliniensegmente" auf Fragestellungen der fluidmechanischen Geschwindigkeitsinduktion durch Lagrange Kohärente Fluids within Fluid Systeme angewendet. Dazu wird ein finites Wirbelliniensegment betrachtet, das von einem Punkt im Feld P_i nach P_{i+1} führt. In den FwF-Modellen wird ein Wirbelfaden durch ein dreidimensionales (Koordinaten-) Polygon $\underline{P}$ beschrieben; numerisch gesehen also eine Liste von Punkten, die abschnittweise Wirbelliniensegmente bilden. P_i und P_{i+1} begrenzen ein eindimensionales Wirbelliniensegment und ihre beiden Schnittufer repräsentieren Quell-punkte Q entlang eines FwF-Fadens. Die Induktionswirkungen findet man kumuliert an den Aufpunkten A an jeder Stelle des Feldes und speziell die an diesen Orten die durch das Wirbelsegment induzierte Geschwindigkeit. Die Geschwindigkeiten in den Aufpunkten A haben also ihre Ursache in den Induktionswirkungen aus den Quellpunkten Q des Wirbelfadenpolygons $\underline{P}$.

Die induzierte Geschwindigkeit im Feld ist kumulativ. Einen Induktionsbeitrag leiste jedes Segment des Lagrange Kohärenten FwF-Wirbelfadens das ein produktiver Bereich der durch das Polygon diskretisierten Wirbellinie ist. Jedes Segment ist finit und soll eine beliebige Orientierung im dreidimensionalen (x,y,z)-Raum besitzen: die lokale Induktionswirkung ist demnach pfadabhängig, die Zirkulation sei (zunächst) konstant und die durch ein Wirbelsegment induzierte Geschwindigkeit hat tangentiale Komponenten. Das Gesetz von Biot und Savart liefert für ein Wirbelsegment konstanter Zirkulation die induzierte Geschwindigkeit Δvi.

$$\Delta v_i = (\Gamma/4\pi) \cdot ((ds \times \underline{r}) / r^3) \qquad\qquad (R2)$$

Die induzierte Geschwindigkeit Δv_i ist ein Beitrag zu der (am Ende einer mathematischen Prozedur, der Iteration über das Feld) kumulierten Größe im Raum. Wir suchen die gesamte in das Feld induzierte Geschwindigkeit $v_i=(u,v,w)$ an jedem Aufpunkt A(x,y,z). Die Komponenten (u,v,w) sind die Geschwindigkeitskomponenten an einem Aufpunkt A(x,y,z) im Feld. Für das FwF-Objekt wird nunmehr nicht nur ein singulärer Quellpunkt identifiziert, sondern von einem finiten FwF-Segment mit der Länge ds ausgegangen. Das FwF-Objekt besitzt die (zunächst) konstante Zirkulation Γ und ist richtungsbehaftet. Die Richtung folgt aus der Position der beiden Enden der finiten Quelle Q_n und Q_{n+1}, so dass beispielsweise die Punkte P_1 und P_{n+1} identifiziert werden. Wenn das Wirbelsegment FwF von Punkt P_1 nach Punkt P_2 reicht, kann die induzierte Geschwindigkeit v_{1-2} an einem beliebigen Aufpunkt A im Feld ermittelt werden; das beschreibt die Gleichung:

$$v_{1-2} = (\Gamma/4\pi) \cdot ((\underline{r}_1 \times \underline{r}_2)\cdot r_A)/ |\underline{r}_1 \times \underline{r}_2|^2) \cdot ((\underline{r}_1/r_1) - (\underline{r}_2/r_2)) \qquad\qquad (R3)$$

Diese Form ist insofern relevant, weil im numerischen Modell die Quellpunkte separat, also komponentenabhängig ansprechen werden. Behalten wir also die vektorielle Größe $\underline{r}$ und die Komponenten von $\underline{r}$ an jedem Ort im Feld, also r: (r_u, r_v, r_w), im Auge. Im Feld verortet man sodann das finite, eindimensionale Teilsystem über eine Anfangs- und einen Endpunkt an den Rändern des Submodells. An den Rändern des finiten Abschnitts ds und den dortigen Punkten P1 und P2 werden die vektoriellen Produkte etwas unübersichtlich. Für die numerische Berechnung im kartesischen Euler-System, in dem die (x, y, z)-Werte der Punkte P1, P2 und dem Aufpunkt A gegeben sind, kann die Geschwindigkeit in folgenden Schritten berechnet werden. Wir berechnen die vektoriellen Produkte der Komponenten:

$$(r_1 \times r_2)_x = (y_A - y_1) \cdot (z_A - z_2) - (z_A - z_1) \cdot (y_A - y_2)$$
$$(r_1 \times r_2)_y = - (x_A - x_1) \cdot (z_A - z_2) + (z_A - z_1) \cdot (x_A - x_2)$$
$$(r_1 \times r_2)_y = (x_A - x_1) \cdot (y_A - y_2) + (y_A - y_1) \cdot (x_A - x_2)$$

Im Nenner finden wir den Absolutwert des Vektorprodukts zu den Randpunkten des finiten FwF-Objekts:

$$|\underline{r_1} \times \underline{r_2}|^2 = (r_1 \times r_2)_x^2 + (r_1 \times r_2)_y^2 + (r_1 \times r_2)_z^2$$

Wir berechnen die vektoriellen Abstände r_2 und r_2

$$r_1 = ((x_A - x_1)^2 + (y_A - y_1)^2 + (z_A - z_1)^2)^{0.5} \qquad (R4)$$
$$r_2 = ((x_A - x_2)^2 + (y_A - y_2)^2 + (z_A - z_2)^2)^{0.5}$$

In dieser euler'schen Betrachtungsweise und der numerischen Umsetzung untersuchen wir das gesamte Feld nach induzierten Geschwindigkeiten ebendort. Auch die Punkte, die selbst Quellen sind und deren direkte Nachbarschaft, hier sind die Abstände r_2 und r_2 sehr klein oder null, sind natürlich von Interesse. Die Wirbellösung ist singulär, wenn der Aufpunkt A auf dem Wirbel liegt. Hier ist eine besondere numerische Behandlung in der Nähe des Wirbelsegments erforderlich, im Modell und vulgär: wir lassen den Nenner nicht null werden; und arbeiten im numerischen Modell mit dem Pivot-Element ε und schränken die Kalkulation ein:

$$\text{falls: } (\underline{r_1} \text{ oder } \underline{r_2} \text{ oder } |\underline{r_1} \times \underline{r_2}|^2) < \varepsilon \quad \text{folgt: } = u = v = w = 0; \qquad (R5)$$

Berechnen des Skalarprodukts:
$$(r_A \cdot r_1) = (x_2 - x_1) \cdot (x_A - x_1) + (y_2 - y_1) \cdot (y_A - y_1) + (z_2 - z_1) \cdot (z_A - z_1);$$
$$(r_A \cdot r_2) = (x_2 - x_1) \cdot (x_A - x_2) + (y_2 - y_1) \cdot (y_A - y_2) + (z_2 - z_1) \cdot (z_A - z_2);$$

und beschreiben des etwas länglichen Term:

$$\kappa = \Gamma / (4 \pi |\underline{r_1} \times \underline{r_2}|^2) ((r_A\, r_1) / r_1) - (r_A\, r_2) / r_2)) \qquad (R6)$$

Zu guter letzt finden wir die Komponenten der induzierten Geschwindigkeit in einem Aufpunkt A:

$$u = \kappa\, (r_1 \times r_2)_x$$
$$v = \kappa\, (r_1 \times r_2)_y$$
$$w = \kappa\, (r_1 \times r_2)_z$$

in euler'schen Koordinaten ebendort. Der numerische Kern ist der Term, den wir in das Simulationsmodell übernehmen:

$$\kappa_{x,y,z} = \Gamma ((r_A \cdot r_1) / r_1) - (r_A \cdot r_2) / r_2) / (4 \pi |\underline{r_1} \times \underline{r_2}|^2)) |^{x,y,z} \qquad (R7)$$

Mit (R7) ist die Form (R3) komponentenweise für den dreidimensionalen Fall eines beliebig im Raum orientierten (Lagrange) FwF-Wirbelfadensegmentes im karthesischen Eulersystem gelöst[12].

Das numerische Modell und die Simulation

Ziel der Simulation ist weniger die Beschreibung elektrodynamischer oder fluidmechanischer Realitäten in einem numerischen Modell (naturwissenschaftlicher Ansatz) sondern vielmehr die Ermittlung prinzipieller Zusammenhänge einer synthetischen Wirklichkeit. Diese Sicht auf die Dinge hat in einem forschenden Umfeld nicht nur Freunde. Die Bereitstellung und Ermittlung einer physikalischen Wechselwirklichkeit – und ich füge hinzu: einer von mehreren möglichen physikalischen Wirklichkeiten – entspricht der Idee und der Herangehensweise im Design- und Ingenieurbereich, vornehmlich der sogenannten „Frühen Phase" der Entwicklung technischer Systeme (Beitz: der ingenieurwissenschaftliche Ansatz, the early stage!). Das Arbeitsergebnis der Frühen Phase ist das Lösungsprinzip und dieses ist neutral gegenüber der späteren technischen „Realisierung" in irgendeiner Maschine, Anlage oder Apparatur. Das geometrische Modell mit seinem rein synthetischen (Wechsel-) Wirkungsgeschehen und das numerische Modell, das die physikalischen und mathematischen Zusammenhänge in Code umsetzt, fußen auf der oben ansatzweise dargelegten Phänomenologie. Vakant sind Similaritäten elektrodynamischer und der fluidmechanischer Eingangs- und Ergebnisgrößen.

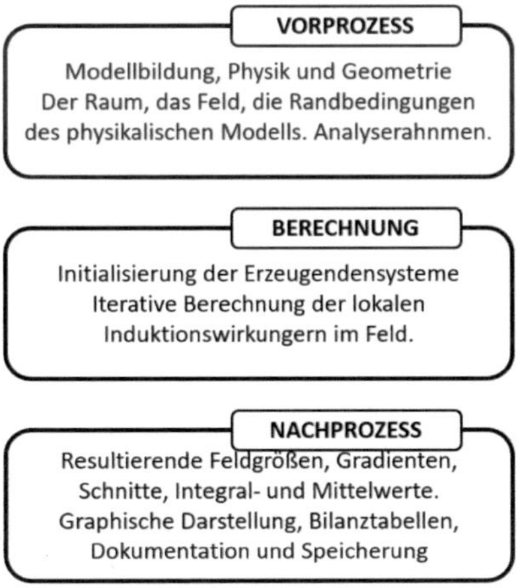

VORPROZESS

Modellbildung, Physik und Geometrie
Der Raum, das Feld, die Randbedingungen
des physikalischen Modells. Analyserahnmen.

BERECHNUNG

Initialisierung der Erzeugendensysteme
Iterative Berechnung der lokalen
Induktionswirkungern im Feld.

NACHPROZESS

Resultierende Feldgrößen, Gradienten,
Schnitte, Integral- und Mittelwerte.
Graphische Darstellung, Bilanztabellen,
Dokumentation und Speicherung

Abb.2: PREProcess, RUNTime, POSTProcess. Der Arbeitsablauf bei der Simulation der Induktionswirkung für den dreidimensionalen Fall.

---

[12] Die Autoren Katz und Plotkin und das grundlegende Werk lieferten die entscheidenden Hinweise zur Berechnung im Feld.
Katz, Joseph (2001) Low-Speed Aerodynamics. Cambridge University Press. Joseph Katz, San Diego State University, Allen Plotkin, San Diego State University https://doi.org/10.1017/CBO9780511810329

Die Simulation verwirklicht das numerische Modell. Sie beginnt in einem Vorprozess, der Rand- und Eingangsbedingungen bearbeitet und das Lagrange Kohärente System determiniert. Dieser Vorprozess kann graphische Elemente enthalten. Vor Beginn der Berechnungen sind die Analyseaufgaben und Simulationsziele zu klären. Hier wird das Strömungsfeld determiniert und gefragt: was soll simuliert werden, welche physikalischen Wechselwirkungen sollen den Modellen zu Grunde liegen, wie mächtig ist die Analyseaufgabe? Wir fragen nach dem untersuchten Raum, das zu vereinbarende Feld und welcher Bereich in diesem Feld schließlich einer Analyse zugänglich sein soll. Im Vorprozess der Simulation (PreProcessing) wird also geklärt: was die Simulation darstellen wird und mit welcher Güte. Das Simulationsmodell ist grundsätzlich dreidimensional. Die Betrachtung von Modellebenen ist ein nachgeordneter Vorgang.
Die sukzessive Berechnung der Strömungsgrößen bildet den Kern der Simulation (Runtime); sie steuert und erledigt alle erforderlichen Iterationen aber keinerlei Graphik und ist weitestgehend befreit von Dokumentations- und Sicherungsroutinen.

Ein Nachprozess evaluiert die Feldgrößen, stellt sie dar, leitet Integral- und Mittelwerte ab und stellt diese ebenfalls dar (Postprocess). Wahlweise werden die Berechnungsergebnisse in einem oder mehreren Ergebnisfiles gespeichert für die ein generaler (save-) Pfad existiert.
Die Simulation über die Induktionswirkungen Lagrange Kohärenter Systeme erfolgt prinzipiell in einem dreidimensionalen Strömungsfeld; es enthält die Koordinaten (x_i, y_i, z_i) von Punkten K_i die selbst Element des Fluid within Fluid-System sind, und als Polygon geordnet sind, nachfolgend für den fluidischen Fall „FwF-Polygon" genannt.

Das numerische Modell „kennt" die formale Gestalt des Richtungsvektors des FwF-Polygons, weist sie aber nicht aus. Vielmehr werden im Vorprozess der Simulationsrechnung aus den die lokalen Richtungen enthaltenden (Lagrange) Konstrukten drei vektorielle Richtungsfelder r_x, r_y, r_z (Euler) generiert. Die separierten Felder enthalten nun alle Informationen, um die (Geschwindigkeits-) Induktionswirkungen an beliebigen Aufpunkten A aus Quellpunkten Q in einem Strömungsraum zu superponieren. In einem Messaufbau, einer Labor-Realität, sind die Aufpunkte A nicht beliebig im Sinne von willkürlich, sondern eine geordnete, determinierte Schar von Punkten, die sich in der Reichweite der Quellpunkte befinden. Das synthetische Modell und die simulierte physikalische Wechselwirklichkeit, schließt jedoch während der Induktion keinen (bekannten) Raumpunkt im dreidimensionalen Feld aus. Dies verkompliziert das Verfahren und macht die Rechnung durchaus zeitaufwändig. Aber von allen schlecht verfügbaren Ressourcen ist in der Entwicklungsphase eines Codes „Zeit" gewissermaßen am wenigsten kritisch.

Die durch ein Lagrange Kohärentes Fluid within Fluid System induzierte Geschwindigkeit $\underline{c}$ {u,v,w} an jedem Ort im Feld ist eine kumulative Größe. Das bedeutet, dass sowohl positiv-wertige als auch negativ-wertige Beiträge kumuliert werden. Gegebenenfalls „zehren" sich diese auf; sie kompensieren bereits Kumuliertes. Es ist daher keinesfalls ratsam, vorschnell und letztendlich die im System wirksame und aus der vollständigen Iteration resultierende Geschwindigkeit, also die induzierte Geschwindigkeit, wie sie sich aus der geometrischen Addition aller Komponenten ergibt, zu betrachten. Im Gegenteil. Durch die Pfadabhängigkeit der Induktionswirkung kommt es zu sogenannten „Auslöschungen" der kumulierbaren Komponentengeschwindigkeiten. Diese sind auf der Modell-Ebene der Simulation eher von mathematischer Natur. Eine Bilanzierung der Induktionswirkungen sollte aber (auch) das jemals in das Feld eingetragene Induktions-Brutto messen können. Dieser Vorgang der lokalen (Brutto-) Bilanzierung kann aber nur während der Iteration (Runtime) erfolgen, weil sich die Beträge über die Zeit betrachtet, gegebenenfalls verzehren (Netto-Bilanz). Auf den ersten Blick ist das einfach nur Numerik. Etwas kumuliert; sammelt positive und negative Beiträge eines Gesamtgeschehens ein. Es kann zu Kompensationen kommen; diese „Auslöschungen" sind real.

Die Geschwindigkeit sowie die unmittelbar abgeleitete Größe, der Impuls an einem Ort im Feld, ist ein anschauliches Modell. Mit Geschwindigkeiten lässt sich offenbar relativ zu einem Koordinatenbezugssystem rechnen, es sei denn, wir erklären denselben Vorgang durch verschiedene physikalische Ursachen. Nur die allgemeine Relativitätstheorie ist so formuliert, dass ihre Gleichungen in jedem Koordinatensystem gelten, was natürlich an dieser Stelle zu weit führt. Für einen als stationär betrachteten Zustand des Feldes kann gezeigt werden, dass die Güte der Kompensation von einer momentanen „geometrischen Konstellation" der beteiligten Induktionspartner abhängt und eine kleine Änderung in den Randbedingungen zu einer wenig kausalen Entwicklung im Gesamtsystems führt.

Wir sehen hier verschiedenmögliche physikalische Wechselwirklichkeiten des Induktions-systems. Es ist nicht die eine physikalische Realität, die durch das Modell mehr oder weniger gut abgebildet wird, sondern eine „vereinbarte Wirklichkeit" innerhalb der Phänomenologie lokal agierender Lagrange Kohärenter Fluid within Fluid-Systeme. Diese Phänomenologie über die Induktionswirkungen Lagrange Kohärenter Wirbelfadensysteme bestreitet gerade eine (reale) Auslöschung (von Induktionswirkungen) und behauptet stattdessen, dass das (Wirbelfaden-) System lediglich in einem (eben gerade) beschreibbaren energetischen Zustand verharrt. Das Wechselwirkungsgeschehen in einem Mode, ein Zustandsgebaren im Feld, ein Attraktor als Funktion der geometrischen Anfangs- und Randbedingungen. Ändert sich Form, Anordnung und Gestalt eines Lagrange kohärenten Induktionssystems in eine topologiegleiche, aber andere Gestalt, unterscheiden sich auch die Induktionswirkungen dieses Induktionssystems von seiner Variante. Im fluidischen Fall: Die Energie im Feld und um das Lagrange Kohärente System herum, geht bei homomorpher Gestaltänderung (eben gerade) nicht verloren, sondern taucht nur mehr oder weniger im Strömungsfeld auf. Sie ist auf eine sonderbare Weise im Feld gefaltet[13]. Und sich die wirksame von der jemals in das Feld induzierten Impulsmächtigkeit unterscheidet.
Betrachten wir nun die Konditionen des modellierten Strömungsraumes und die erwartbaren Eigenschaften der hierin simulierten Lagrange Kohärenten Systeme, so legen theoretische Untersuchungen aus der näheren Vergangenheit den Schluss nahe, dass die Verteilung von Induktionsquellen im Raum hinsichtlich ihrer Induktionswirkungen nicht beliebig sein kann. Beobachtet man vor dem Hintergrund der Gültigkeit des aus einer allgemeinen Feldtheorie stammenden Gesetzes von Biot und Savart, Induktionsquellen im Raum, so kommt man zu der durchaus erwartbaren Erkenntnis, dass mehr oder weniger nah benachbarte Quellen das Strömungsfeld unterschiedlich organisieren [Fel-20].

---

[13] (a) In der Funktionalanalysis, einem Teilbereich der Mathematik, beschreibt die Faltung, auch Konvolution (von lateinisch convolvere „zusammenrollen"), einen mathematischen Operator, der für zwei Funktionen f und g eine dritte Funktion f ∗ g liefert. (b) In der Regelungstechnik bedeutet eine „Faltung" im Bildbereich, eine „Filterung" im Spektralbereich (aus einer Fourier-Transformation stammend). (c) die Begrifflichkeit der Faltung betrifft im Induktionsfeld das Phänomen, dass sich die wirksame von der jemals in das Feld induzierten Impulsmächtigkeit unterscheidet.

Dabei korreliert das dreidimensional beschriebene Polygon des Induktionssystems in unserer Modellvorstellung die zu Induktionswirkungen fähigen Quellpunkte Q eines synthetischen Lagrange Kohärenten Systems in einem abstrakten Strömungsraum. Der Strömungsraum selbst besitzt, wie wir das in einer fluidmechanischen Simulation erwarten, an den sechs an einem euler'schen kubischen Strömungsraum existierenden Systemgrenzen definierte Randbedingungen: Geschwindigkeiten v_∞, bzw. deren Komponenten, und entsprechende Massenströme, oder eine Druck-Randbedingung für den Strömungsrand. Im elektrodynamischen Feld sind gleicherart magnetische Voreinstellungen bekannt.

Schlussbemerkung: Mit diesem Aufsatz komme ich der Bitte aus meinem Umfeld nach, eine verständliche „Bauanleitung" für einen allgemeinen Fall zu schreiben, ein kleines Backrezept für Simulationsmodelle zur Wirkungsinduktion in einem (regulären) Strömungsfeld. Die sieben Gleichungen zur Ermittlung der in ein Feld induzierten Geschwindigkeiten sind insofern universell und (wieder zurück) anwendbar auf das elektromagnetische Feld, weil der Ansatz ihrer Berechnung genau dort seinen Ursprung besitzt. Unsere Anfangsfrage nach der magnetischen Feldstärke $\{\underline{H}=(I/4\pi)\cdot {}_1\!\int^2(\underline{r} \times d\underline{s})/r^3\}$ profitiert dahingehend von den Ausführungen, dass der dargelegte Ansatz den in der einschlägigen Literatur nicht geführten Fall der beliebigen Konfiguration im dreidimensionalen Raum löst.

Michel Felgenhauer, Berlin 2022

Michel Felgenhauer ist das Pseudonym des Motorenbauers Michael Dienst aus Wiesbaden. Ich lebe und arbeite in Berlin, bin Sprecher der Bionic Research Unit der Berliner Hochschule für Technik und seit 1996 Dozent für Bionic Engineering an unterschiedlichen Hochschulen.

Martha Felgenhauer stirbt 1943 als junge Frau in Ziegenhals, Schlesien. Die sie kannten sagen, wir seien wesensverwandt. Gelegentlich also erzähle ich meiner Großmutter Geschichten aus der fröhlichen Wissenschaft.

BIBLIOGRAPHIE, Quellen und weiterführende Literatur

[Abbo-59] Ira H. Abbott, Albert E. von Doenhoff: Theory of Wing Sections: Including a Summary of Airfoil Data. Dover Publications, New York 1959.

[Bann-02] Bannasch, Rudolph. Vorbild Natur. In: design report 9/02, S.20ff. Blue. C Verlag Stuttgart: 2002.

[Bapp-99] Bappert, R. Bionik, Zukunftstechnik lernt von der Natur. SiemensForum München/Berlin und Landesmuseum für Technik und Arbeit in Mannheim (Herausgeber): 1999

[Bech-93] Bechert, D.W.: Verminderung des Strömungswiderstandes durch bionische Oberflächen. In: VDI-Technologieanalyse Bionik, S. 74 – 77. VDI-Technologiezentrum Düsseldorf 1993.

[Bech-97] Bechert, D.W., Biological Surfaces and their Technological Application. 28th AIAA Fluid Dynamics Conference: 1997

[Cal-84] Calder, W.A. (1984) Size, Function and Life History. Harvard University Press. Cambridge 431pp.

[Dar-17] D'Arcy Thompson, Wentworth (1917) On Growth and Form. Cambridge, The University Press.

[Dar-06] D'Arcy Thompson, Wentworth (2006) Über Wachstum und Form, Eichborn Verlag, Frankfurt am Main und Birkhäuser Verlag Basel (1973) ISBN 3-8218-4568-6

[Die 18-2] Dienst, Mi. (2018) DARCY Transformation. Einige Gedanken zu D'ARCY THOMPSONS THEORIE OF TRANSFORMATION. GRIN-Verlag GmbH München, ISBN(e-Book): 9783668621053, ISBN(Buch): 9783668495197

[Die15-7] Dienst, Mi. (2015) Dossier über die Forschung der BIONIC RESEARCH UNIT der Beuth Hochschule für Technik Berlin, GRIN-Verlag GmbH München, ISBN (e-Book): 978-3-668-02183-9, ISBN (Buch) 978-3-668-02184-6.

[Die09-4] Dienst, Mi.(2009) Physical Modelling drivenBionics. GRIN-Verlag München.

[DUB-95] Dubbel, Handbuch des Maschinenbaus, Springer Verlag Berlin, 15.Auflage 1995.

[Eppl-90] Richard Eppler: Airfoil Design and Data. Springer, Berlin, New York 1990.

[Fel 20-3] Felgenhauer, Mi. (2020). Synthetische Lundgren-Wirbel und Lagrange Kohärente Objekte. GRIN-Verlag GmbH München, ISBN(e-Book): 9783346276841, ISBN (Buch): 9783346276858, VNR: V922760

[Fel 20-2]   Felgenhauer, Mi. (2020) Artifizielle Lagrange Kohärente Strukturen. About artificial Lagrangian Coherent Structures. GRIN-Verlag GmbH München, PDF-Version, ISBN: 9783346285904, ISBN (Buch): 9783346285911 Katalognummer. v913092

[Fel 21-5]   Felgenhauer, Mi. (2021). Implicite Coherent Fluid Systems. Fluid within a Fluid. GRIN-Verlag GmbH München, ISBN(e-Book): 9783346407030. ISBN (Buch): 9783346407047, VNR: v1012490

[Fel 21-4]   Felgenhauer, Mi. (2021). Implizit kohärente Fluidsysteme. Fluid within a Fluid. GRIN-Verlag GmbH München, ISBN(e-Book): 9783346407016, ISBN (Buch): 9783346407023, VNR: v1012488

[Fel 21-3]   Felgenhauer, Mi. (2021). Wirbel, Flossen und Kamele. Fluidische Ergänzungen Kohärenter Objekte. GRIN-Verlag GmbH München, ISBN(e-Book): 9783346390257. ISBN (Buch): 9783346390264, VNR: v1005949

[Fel 21-2]   Felgenhauer, Mi. (2021). CIRCE, ein Laborwirbel. About a spiral Lagrange Coherent Object. GRIN-Verlag GmbH München, ISBN (Buch): 9783346376657, VNR: V990559

[Fel 21-1]   Felgenhauer, Mi. (2021). Zur fraktalen Natur synthetischer Lundgren-Strukturen. On the fractal nature of synthetic Lundgren structures. GRIN-Verlag GmbH München, ISBN(e-book): 9783346346193, ISBN (Buch): 9783346346209, VNR: v987098

[Fel 20-2]   Felgenhauer, Mi. (2020) Artifizielle Lagrange Kohärente Strukturen. About artificial Lagrangian Coherent Structures. GRIN-Verlag GmbH München, PDF-Version (pdf), ISBN: 9783346285904, ISBN (Buch): 9783346285911 Katalognummer. v913092

[Fel 20-1]   Felgenhauer, Mi. (2020). Die Verteilung von Induktions-wirkungen Lagrange Kohärenter Objekte. Zur Topographie und Kondition von Geschwindigkeitsfeldern. GRIN-Verlag GmbH München, ISBN (e-Book): 9783346285904, ISBN (Buch): 9783346142146, VNR:535307

[Fel 19-6]   Felgenhauer, Mi. (2019) Über Wirbelschleifen, das Gesetz von Biot und Savart und komplexe Potentiale. About Vortex Loops. ISBN(e-Book 9783668920361, ISBN(Buch): 9783668920378

[Fel 19-5]   Felgenhauer, Mi. (2019) Anmerkungen zur Potential-theorie und zur Fluidmechanik. Spezielle Auslegung eines universellen Verfahrens. ISBN(e-Book): 9783668908024, ISBN(Buch): 9783668908031

[Fli-02]   Flindt, R. (2002) Biologie in Zahlen Berlin: Spektrum Akademischer Verl.

[Fren-94]   French, M.: Invention and Evolution: design in nature and engineering. Cambridge University Press. Cambridge 1994.

[Fren-99]   French, M.: Conceptual Design for Engineers. Berlin, Heidelberg, New York, London, Paris, Tokio: Springer: 1999

[Guen-98]   Günther, B., Morgado, E. (1998) Dimensional analysis and allometric equations concerning Cope's rule.RevistaChilena de Historia Natural 71: 1989

[Gör-75]   Görtler, H. Diemensionsanalyse. Berlin Springer 1975

[Guen-66]   Günther, B., Leon, B. (1966) Theorie of biological Similarities, nondimensional Parameters and invariant Numbers. Bulletin ofMathematicalBiophysics Volume 28, 1966.

[Hal-10]   G. Haller. (2010) A variational theory of hyperbolic Lagrangian Coherent Structures. Physica D: Nonlinear Phenomena,240(7):574–598,2010.

[Hal-00]   G. Haller, G.Yuan Lagrangian coherent structures and mixing in two dimensional turbulence, Division of Applied Mathematics, Lefschetz Center for Dynamical Systems, Brown University, Providence, RI 02912, USA Received 11 February 2000;

[Hüt-07]   Hütte, 2007, 33. Auflage, Springer Verlag. S.E147

[Hux-32]   Huxley, J.S. (1932) Problems of relative Growth. London: Methuen.

[Kar-35]   Karman von,T. Burgess J.M. (1935) General aerodynamic theory: perfect fluids, In *Aerodynamic Theory* vol. II (cd. W. F. Durand), p. 308. Leipzig: Springer Verlag.

[Katz-01]   Joseph Katz, Allen Plotkin (2001) Low-Speed Aerodynamics (Cambridge Aerospace Series) Cambridge University Press; 2 edition (February 5, 2001)

[Kra-86]   Krasny, R. (1986) Desingularization of Periodic Vortex Sheet Roll-up. Courant Instirute oJ' Mathematical Sciences, New York Unioersity, 251Mercer Street, Nen, York, New York 10012, received November 15, 1981; revised July 25, 1985

[Kra 91]   Krasny, R. (1991) Vortex Sheet Computations: Roll-Up, Wakes, Separation. In: Lectures in Applied Mathematics, Vol.: 28. (1991)

[Liao-03]   Liao, J.C.; Beal, D.; Lauder, G.; Triantayllou, M. Fish Exploting Vortices Decrease Muscle Activty.In: Science 2003, S. 1566-1569. AAAS. 2003.

[Lech-14]   Lecheler, S. (2014) Numerische Strömungsberechnung Springer Verlag Berlin Heidelberg. ISBN 978-3-658-05201-0

[Lun-82]   T. S. Lundgren, T.S. (1982) Strained spiral vortex model for turbulent fine structure, The Physics of Fluids 25, 2193 (1982); https://doi.org/10.1063/1.863957

[Mof-84]   Moffatt, K.H. (1984) Simple topological aspects of turbulent vorticity dynamics In: Turbulence and Chaotic Phenomena in Fluids, ed. T. Tatsumi (Elsevier) 223-230.

[Nach-98]   Nachtigall, W. : Bionik – Grundlagen und Beispiele für Ingenieure und Naturwissenschaftler. Springer-Verlag, Berlin-Heidelberg-New York 1998.

[Oert-11]   Oerteljr., H., Böhle, M., Reviol, Th. (2011) Strömungsmechanik, Grundlagen.Springer Verlag Berlin Heidelberg. ISBN 978-3-8348-8110-6

[PaBe-93]   Pahl. G.; Beitz, W.: Konstruktionslehre, 3.Auflage. Berlin- Heidelberg-New York-London-Paris-Tokio: Springer 1993

[Pei 88]   Peitgen, H.O. (1988) Fraktale: Computerexperimente entzaubern komplexe Strukturen. In: 115. Verhandlungen der Gesellschaft Deutscher Naturforscher und Ärzte 17. Bis 20.9 1988. S. 123ff.

[Rech-94]   Rechenberg, Ingo. Evolutionsstrategie'94. Frommann-Holzoog Verlag. Stuttgart: 1994.

[Scha-13]   Schade, H. (2013) Strömungslehre. De Gruyter Verlag. ISBN-13: 978-3110292213

[Sun-16]   Sun,P.N., Colagrossi, A. Marrone, S. , Zhang, A.M, (2016) Detection of Lagrangian Coherent Structures in the SPH framework, College of Shipbuilding Engineering, Harbin Engineering University, Harbin 150001, China; CNR-INSEAN, Marine Technology Research Institute, Rome, Italy; Ecole Centrale Nantes, LHEEA Lab. (UMR CNRS), Nantes, France.

[Tham-08]   Siekmann, H.E., Thamsen, P. U. (2008) Strömungslehre Grundlagen, Springer Verlag Berlin Heidelberg. ISBN 978-3-540-73727-8

[Tho-59]   Thompson, D'Arcy, W. (1959) On Growth and Form. London: Cambridge University Press. (Neuauflage der Originalschrift 1907)

[Tho-92]   Thompson, D W., (1992). *On Growth and Form*. Dover reprint of 1942 2nd ed. (1st ed., 1917). ISBN 0-486-67135-6

[Tria-95]   Triantafyllou, M.: Effizienter Flossenantrieb für Schwimmroboter. In: Spektrum der Wissenschaft 08-1995, S. 66–73. Spektrum der Wissenschaft-Verlagsgesellschaft mbH, Heidelberg 1995.

[Tria-87]   Triantafyllou M., Kupfer K., Bers A. (1987) Absolute instabilities and self-sustained oscillations in the wakes of circular cylinders. Physical Review Letters 59, 1914–1917. ADSCrossRefGoogle Scholar

[Tria-91]   Triantafyllou M., Triantafyllou G. S., Gopalskrishnan R. (1991) Wake Mechanics for Thrust Generation in Oscillating Foils, Physics of Fluids A, 3 (12), pp. 2835–2837.ADSCrossRefGoogle Scholar

[Tria-92]   Triantafyllou M., Triantafyllou G. S., Grosenbaugh M. A. (1992) Optimal Thrust Development in Oscillating Foils with Application to Fish Propulsion, Journal of Fluids and Structures (Accepted for Publication)Google Scholar

[Vos-15-2]   M. Voß, H.-D. Kleinschrodt, Mi. Dienst: "Experimentelle und numerische Untersuchung der Fluid-Struktur-Interaktion flexibler Tragflügelprofile", Resarch Day 2015 - Stadt der Zukunft Tagungsband - 21.04.2015, Mensch und Buch Verlag Berlin, S. 180- 184, Hrsg.: M. Gross, S. von Klinski, Beuth Hochschule für Technik Berlin, September 2015, ISBN:978-3-86387-595-4.

[Vos-15-1]   M. Voss, P.U. Thamsen, H.-D. Kleinschrodt, Mi. Dienst (2015): "Experimeltal and numerical investigation on fluid-structure-interaction of auto-adaptive flexible foils", Conference on Modelling Fluid Flow (CMFF'15), Budapest, Ungarn, 1.-4. September 2015, ISBN (Buch): 978-963-313-190-9.

[Vos-15-2]   M. Voss, (2015) Experimentelle und numerische Untersuchung flexibler Tragflügelprofile. Dissertation, Technische Universität Berlin 2015.

[Zeg05]   Zeglin, S.: Statistische Eigenschaften zweidimensionaler Turbulenz, Westfälische Wilhelms-Universität Münster, Diplomarbeit, 2005

[Zie - 72]   Zierep, J. (1972) Ähnlichkeitsgesetze und Modellregeln der Strömungslehre.